Bibliografische Information der Deutschen Nationalbibliothek:

Die Deutsche Bibliothek verzeichnet diese Publikation in der Deutschen National-
bibliografie; detaillierte bibliografische Daten sind im Internet über http://dnb.d-
nb.de/ abrufbar.

Impressum:

Copyright © 2010 GRIN Verlag, Open Publishing GmbH
Druck und Bindung: Books on Demand GmbH, Norderstedt Germany
ISBN: 9783640595037

Johanna Kling

Lernsituation Bäckereifachverkäufer/in: Kundeninformation und Beratung von neu eingeführten Vollkornprodukten in einer Bäckerei

GRIN Verlag

Grundlagen der beruflichen Didaktik EHW

„Erarbeitung einer Lernsituation"

Thema:

**„Kundeninformation und Beratung von neu eingeführten
Vollkornprodukten in einer Bäckerei"**

vorgelegt von: Johanna Kling
Studiengang: MED BAB

Abgabedatum: 28.02.10

Inhaltsverzeichnis

1. Vorstellung des Themas und Begründung der Themenauswahl

In dieser Arbeit wird eine Lernsituation für die Fachklasse des dualen Systems „Fachverkäuferin/Fachverkäufer im Lebensmittelhandwerk" mit dem Schwerpunkt Bäckerei/Konditorei vorgestellt. Durch die folgende Lernsituation ist eine berufliche Ausgangssituation gegeben. Zusätzliches Material für die Schüler und Schülerinnen ist im Anhang I ersichtlich.

<table>
<tr><td><u>Lernsituation:</u> „Kundeninformation und Beratung von neu eingeführten Vollkornprodukten in einer Bäckerei"</td></tr>
<tr><td>Sie sind als Auszubildende/r in einer Filiale in Münster der Bäckerei Semmelweiß tätig. Derzeit bietet Semmelweiß lediglich eine Sorte Vollkornbrot (Roggenbrot) an. Aufgrund vermehrter Nachfrage von Vollkornprodukten, hat die Bäckerei beschlossen, zwei neue Produkte einzuführen. Demnächst wird das Sortiment um ein Dinkelvollkornbrot mit Walnüssen, sowie Dinkel-Roggen-Vollkornbrötchen erweitert. Als Werbung und Information für die Kunden bitte sie ihr Verkaufsleiter eine Broschüre bezüglich der neuen Produkte zu erstellen (vgl. Anhang I).</td></tr>
</table>

Aufgrund eigener Erfahrungen in einer Bäckerei als Teilzeitkraft bin ich darauf gekommen, eine Lernsituation für Fachverkäufer und Fachverkäuferinnen im Lebensmittelhandwerk zu entwickeln. Es ist eine zunehmende Nachfrage an Vollkornprodukten zu erkennen. In den Medien findet man immer wieder Informationen darüber, dass Vollkornprodukte zu einer gesunden und vollwertigen Ernährung dazugehören. Bio Bäckereien bieten bereits eine Vielzahl an Vollkornprodukten an. Viele herkömmliche Bäckereien reagieren ebenfalls auf den gesteigerten Bedarf und erweitern ihr Sortiment (oekolandbau.de, 2010).

Einige Verbraucher setzen dunkle oder körnige Brote mit Vollkornbroten gleich. Dabei kann ein grobes Brot mit ganzen Körnern überwiegend aus Weißmehl bestehen. Ein feines Brot hingegen, das relativ hell ist, kann durchaus ganz aus Vollkorn bestehen. Ob es sich wirklich um ein Vollkornprodukt handelt ist manchmal nicht leicht zu erkennen (Vreden; Schenker; Sturm; Josst; Blanchnik; Vollmer, 2007, S.181,183). Fachverkäufer in einer Bäckerei müssen in der Lage sein, Kunden diesbezüglich eine fach- und sachgerechte Auskunft geben zu können. In der Praxis trifft dies jedoch leider nicht immer zu. Fehlendes Wissen über die eigenen Produkte und falsche Informationen des Verkaufspersonals kommen immer wieder vor. Beim Lesen der Lernfelder kam mir die Idee, eine Informationsbroschüre bezüglich der neu eingeführten Vollkornprodukte von der Fachklasse gestalten zu lassen, die an die Kunden ausgehändigt werden könnte.

1.2 Bildungsgang

Die Fachklassen des dualen Ausbildungssystems erlernen staatlich anerkannte Ausbildungsberufe. Mit Abschluss der Ausbildung erwirbt man einen dem Sekundarabschluss I gleichwertigen Berufsschulabschluss. Schülerinnen und Schüler, die über Diesen bereits verfügen, können mit dem Berufsschulabschluss die Fachoberschulreife erlangen (APO-BK, 2009, S.5). Somit erfüllt das duale System neben der Vermittlung der beruflichen Bildung auch allgemein bildende Schulabschlüsse. Unter *dual* versteht man die parallele Ausbildung in Betrieb und Berufsschule. An drei bis vier Tagen sind die Jugendlichen im Betrieb und an ein bis zwei Tagen in der Berufsschule. Der Bildungsgang duales System steht allen Schulabgängern offen. Es ist kein Schulabschluss nötig. Eingangsvorraussetzungen für die Aufnahme in den Bildungsgang sind ein Ausbildungsvertrag und die Erfüllung der Schulpflichtjahre. Jugendliche, die nach Vollendung des 21. Lebensjahrs eine Ausbildung beginnen, müssen nicht mehr in die Berufsschule (APO-BK, 2009, S.6).

Die beiden Lernorte, Berufschule und Betrieb, haben als gemeinsamen Bildungsauftrag, die Vermittlung von beruflicher Handlungskompetenz. Seit 1996 ist das Lernfeldkonzept in den Rahmenlehrplänen der Berufsschulen verankert. Das Konzept und die Rahmenlehrpläne beinhalten Lernfelder. „Lernfelder sind didaktisch begründete, schulisch aufbereitete Handlungsfelder. Sie fassen komplexe Aufgabenstellungen zusammen, deren unterrichtliche Bearbeitung in handlungsorientierten Lernsituationen erfolgt. Lernfelder sind durch Zielformulierung im Sinne von Kompetenzbeschreibung durch Inhaltsangaben ausgelegt. Lernsituationen konkretisieren die Lernfelder. Dies geschieht in Bildungsgangkonferenzen durch eine didaktische Reflexion der beruflichen sowie lebens- und gesellschaftsbedeutsamen Handlungssituationen" (Bader, R., 2003, S.213).

1.3 Verankerung des Themas im Rahmenlehrplan/ Ausbildungsberufsbild

Das Thema der Lernsituation kann dem Lernfeld 1.3 Gestalten, Werben, Beraten und Verkaufen des Rahmenlehrplan für den Ausbildungsberuf Fachverkäuferin im Lebensmittelhandwerk/ Fachverkäufer im Lebensmittelhandwerk zugeordnet werden (vgl. Anhang II). Das Lernfeld des ersten Ausbildungsjahrs ist mit einem Zeitrichtwert von 80 Stunden beschrieben. Das Ziel besteht unter anderem darin, dass die Schüler und Schülerinnen in der Lage sind, Kunden zu beraten und dabei neben lebensmittelrechtlichen, ökonomischen, ökologischen und sensorischen besonders ernährungsphysiologische Aspekte berücksichtigen. Weiterhin entwickeln sie geeignete Verkaufsargumente und gehen auf Kunden ein (Ministerium für Schule und Weiterbildung des Landes Nordrhein-Westfalen, S.13).

Diese Lernsituation umfasst folgende Inhalte:

- Gestalterische Grundlagen, insbesondere Plakate und Handzettel
- Beratung über gesunde Ernährung: Bedeutung der Inhaltsstoffe von Back- und Konditoreiwaren, insbesondere Mineralstoffe, Vitamine, Ballaststoffe, Verdaulichkeit der Nährstoffe
- Verkaufsvorgang, insbesondere Kaufmotive, Verkaufsargumente, Gesprächsführung

Die dreijährige Ausbildung zum/r Fachverkäufer/in im Lebensmittelhandwerk erfolgt in Betrieben des Handwerks und des Lebensmittelhandels und umfasst die Bereiche Bäckerei, Konditorei und Fleischerei.

Schwerpunkte des Berufsbildes sind das Bedienen und Beraten von Kunden, sowie die Präsentation und der Verkauf. Zum 01. August 2006 wurde die Ordnung zur-/m Fachverkäufer-/in im Lebensmittelhandwerk erneuert, weil sich die Ansprüche der Verbraucher in der sich heutigen schnell wandelnden Welt, ändern. Für die Kunden steht bewusste Ernährung im Vordergrund und sie wünschen hohe Qualität bei Auskünften der Fachverkäufer. Neuerungen in der Ausbildung gibt es neben produktorientierten und fachlichen Gesichtspunkten vor allem in der teamorientierten Planung und Durchführung von Verkauf (Bundesinstitut für Berufsbildung).

1.4 Gedachte Lerngruppe und Gegenwartsbedeutung

Die Klasse setzt sich insgesamt aus 18 Schülerinnen und zwei Schülern im Alter zwischen 16 und 20 Jahren zusammen. Die Schüler besitzen alle den Hauptschulabschluss nach Klasse 9, einige haben die Fachoberschulreife. Das Lernfeld 1.3 des Rahmenlehrplans ist das vorletzte im ersten Ausbildungsjahr. Es wird davon ausgegangen, dass die Fachklasse schon Erfahrung im Verkauf bzw. im Umgang mit Kunden, im Betrieb sammeln konnte. Für diesen Beruf ist es generell wichtig, sich ein solides Fachwissen über das angebotene Sortiment in der Bäckerei anzueignen. Die Kunden erhoffen und erwarten eine gute Beratung von den Fachverkäufern. Insbesondere bei neu eingeführten Produkten, wie z. B. ein Vollkornbrot, sind ausreichende Informationen und geeignete Verkaufsargumente notwendig.

1.5 Nachhaltigkeit und fachliche Bedeutung des Themas für die zukünftige Berufspraxis der Auszubildenden

In der Berufspraxis kommt es immer wieder zu einer Erweiterung bzw. Änderung des Sortiments. Der Umsatz einer Bäckerei/Konditorei/Fleischerei ist sowohl von der Produktqualität als auch von fachlich fundierter Beratung durch verkaufstechnisch gut geschultes Personal abhängig (Ministerium für Schule und Weiterbildung des Landes Nordrhein-Westfalen, S.13). Eine ausführliche Beratung der Kunden über z. B. Inhaltstoffe der neuen Produkte ist notwendig und muss deshalb eingeübt werden. Anhand dieser Lernsituation zum Thema Vollkorn soll die Fachklasse lernen, fachliche Literatur zu beziehen und die Informationen kundengerecht aufzubereiten. Die Kompetenz, Wissen auf ähnliche Situationen übertragen zu können, soll gefördert werden. Gesunde Ernährung spielt in der heutigen Zeit eine immer größere Rolle. Neben der Zunahme an Vollkornprodukten in den Bäckereien, werden auch vermehrt Bio Produkte nachgefragt. Der Kunde kauft nicht mehr nur preis-, sondern mittlerweile auch verstärkt qualitätsorientiert ein. Kaufkriterien wie z .B. Schadstofffreiheit, heimische Herkunft, Frische und Produktqualität gewinnen an Bedeutung (Allgemeine Bäckerzeitung). Fachverkäufer werden mit diesen Themen in der Praxis konfrontiert, deshalb ist eine gründliche fachliche Auseinandersetzung und Beratung der Kunden notwendig.

2. Sachanalyse
2.1 Getreidearten

Der Begriff Getreide ist eine Sammelbezeichnung für Pflanzenarten, die aus der Familie der Süßgräser stammen und einsamige Früchte tragen. Die Früchte werden als Körner bezeichnet und stellen weltweit die Hauptnahrungsquelle für Menschen und Tiere dar. Die zahlreichen Getreidearten (Weizen, Dinkel, Roggen, Gerste, Hafer, Mais, Reis, Wildreis und Hirse) werden in Form von Körnern angeboten oder sind als Mahlprodukte erhältlich. Brotgetreide (Weizen, Dinkel, Roggen) lassen sich aufgrund ihrer Inhaltsstoffe und den dadurch günstigen Backeigenschaften, zu einem lockeren Brotteig verarbeiten (Bubke; Hemmersbach; Hemmersbach; Keden, 2008, S.139).

Weizen ist das wichtigste Brotgetreide weltweit und hat eine besonders gute Backfähigkeit. Man unterscheidet Hartweizen, der klebereich ist und sich zur Herstellung von Teigwaren und Grieß eignet. Weichweizen dagegen ist stärkereich und eignet sich zur Herstellung von Backwaren (Schlieper, 2008, S.49). Ein enger Verwandter des Weizens ist der Dinkel. Es gibt sehr viele Mischformen und Übergänge zwischen Weizen und Dinkel, weil beide in manchen Regionen gemeinsam angebaut und auch miteinander gekreuzt werden. Im Unterschied zum Weizen, ist das Dinkelkorn fest mit den Spelzen verwachsen, dadurch ist es zwar besser geschützt, die Verarbeitung erfordert aber durch das Entspelzen einen zusätzlichen Verarbeitungsschritt (Wikipedia). Dinkel wird als Grünkern bezeichnet und eignet sich aufgrund des nussartigen Geschmacks für Bratlinge, Eintöpfe, Suppen, Beilagen usw. (Schlieper, 2008, S.49). Als Alternative bei Weizenunverträglichkeit können Dinkelprodukte verwendet werden. Dabei ist die Reinheit des Ausgangsproduktes von entscheidender Bedeutung (Wikipedia).

Roggen ist das wichtigste Brotgetreide Nordeuropas mit geringen Standortansprüchen. Die Backeigenschaften unterscheiden sich von denen des Weizens. Das Roggenbrot ist oft dichter und enthält weniger Luftblasen. Der Geschmack ist kräftiger als beim Weizen. Roggenbrot ist dunkler und bleibt länger frisch (Schlieper, 2008, S.49).

2.2 Aufbau eines Getreidekorns

Das Getreidekorn gliedert sich in Keimling und Nährgewebe (Endosperm), die beide von der Schale umschlossen sind. Das Endosperm besteht zum weitaus größten Teil aus dem eigentlichen Mehlkörper. Er besteht aus kleinen Stärkekörnern und ist nach außen gegen die Schale von Aleuronzellen eingeschlossen. Der Keimling liegt mit seinem Schildchen (Scutellum, Keimblatt) dem Nährgewebe seitlich an. Die embryonale Achse trägt im unteren Teil die Anlagen der Wurzel, im oberen das Knöspchen, aus dem sich Blätter und Spross entwickeln. Die Schale des Korns gliedert sich in Frucht- und Samenschale. In der Fruchtschale werden mehrere Schichten unterschieden, die Längs-, Quer- und Schlauchzellen. Die Dicke der Fruchtschale hängt von der unterschiedlichen Anzahl von Lagen der Längszellen ab (Rohrlich; Brückner, 1966, S.24).

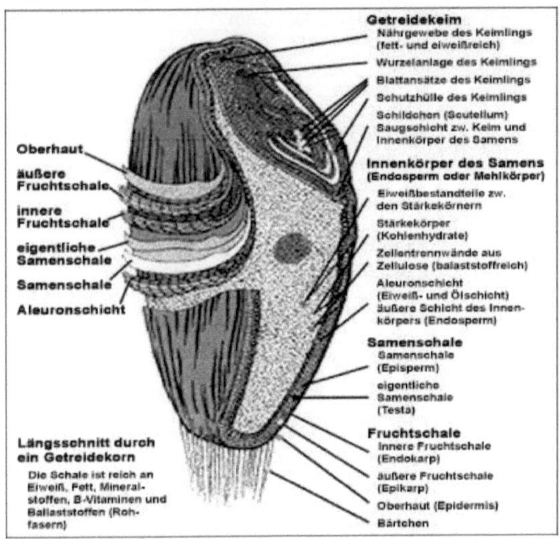

Abb. 1: Aufbau eines Getreidekorns (http://www.rosenmuehle.de/rosenmehl/lexikon/getreidekorn2.gif)

2.3 Inhaltsstoffe des Getreidekorns

Im Getreidekorn sind fast alle wichtigen Inhaltsstoffe enthalten, die der menschliche Körper benötigt. Der ***Mehlkörper*** besteht hauptsächlich aus Stärke, daneben auch aus Protein, enthält wenig Fett und Mineralstoffe (vgl. Tab. 1). Stärke ist geschmacksneutral und bildet neben dem Klebereiweiß den Hauptbestandteil des Mehls. Beim Backen von Teigen oder Massen platzen die Stärkekörner bei etwa 70 º C, sie verkleistern und binden dabei Flüssigkeit. Insbesondere Weizenstärkekörner enthalten das Protein Gluten, welches sich aus Gliadin und Glutein bildet. Bei der Teigbereitung entwickelt sich durch Verkneten aus Gluten und Wasser eine gummiähnliche elastische Masse. Gluten gerinnt beim Backen und bildet ein stabiles Gerüst. Es sorgt dafür, dass sich insgesamt ein feinporiger lockerer Teig bildet und das Gebäck nicht auseinander läuft. Darüber hinaus bildet sich eine schnittfeste Krumme (Bubke; Hemmersbach; Hemmersbach; Keden, 2008, S.152).

Die ***Aleuronschicht*** enthält biologisch hochwertiges Eiweiß, relativ viel Fett, Vitamine der B-Gruppe, Mineralstoffe und Ballaststoffe, aber keine Stärke. Die ***Samenschale*** ist reich an Mineralstoffen (Calcium, Eisen, Kalium, Magnesium) und die ***Fruchtschale*** enthält Ballaststoffe.

Der ***Keimling,*** weist neben Protein auch essentielle Fettsäuren sowie wichtige B- Vitamine, Vitamin E und Mineralstoffe auf. Zusammen mit den Schalen besitzt die Aleuronschicht circa 70 Prozent der Ballaststoffe des Korns (Vreden; Schenker; Sturm; Josst; Blanchnik; Vollmer, 2007, S.147).

Tab. 1: Anteile der Nährstoffe des Getreidekorns (Schlieper, 2008, S.49)

Bestandteile des Getreidekorns		Anteil	Nährstoffe
Kleie 17 %	Fruchtschale	5%	Ballaststoffe, Mineralstoffe, Vitamine
	Samenschale		
	Aleuronschicht	9 %	Eiweiß, Mineralstoffe, Vitamine
	Keimling	3%	Fette, Eiweiß, Mineralstoffe, Vitamine
Mehl 83 %	Mehlkörper	83%	Stärke, Eiweißstoffe (Kleber)

In Tabelle 2 sind die wichtigsten Inhaltsstoffe von Vollkornerzeugnissen ausgewählter Getreidearten detailliert aufgelistet. Die Menge der einzelnen Inhaltsstoffe ist in den einzelnen Getreidearten teilweise recht unterschiedlich.

Tab. 2: Inhaltsstoffe von Vollkornerzeugnissen ausgewählter Getreidearten (modifiziert nach Vreden; Schenker; Sturm; Josst; Blanchnik; Vollmer, 2007, S. 157)

	Dinkel/Grünkern	Roggen	Weizen	Hafer
Eiweiß (g)	11,5	8,8	11,5	12,5
Fett (g)	2,7	1,7	2,0	7,1
Kohlenhydrate (g)	69,0	69,0	70,0	63,0
davon Stärke (g)		52,5	59,0	40,0
Ballaststoffe (g)	9,9	13,5	9,6	9,3
Wasser (g)	12,5	13,5	13,0	13,0
Energiegehalt (kj)	1470	1323	1342	1530
Calcium (mg)	22	64	43,7	79,6
Eisen (mg)	4,2	5,1	3,3	5,8
Kalium (mg)	447	530	502	355
Magnesium (mg)	130	140	173	129
Vitamin B1 (mg)	0,40	0,35	0,48	0,52
Vitamin B2 (mg)	0,15	0,17	0,24	0,17
Vitamin B6 (mg)	0,27	0,29	0,44	0,75
Vitamin E (mg)	1,6	2,0	1,35	0,84
Folsäure (mg)	0,03	0,14	0,09	0,033
Niacin (mg)	6,9	1,8	5,1	1,8

2.4 Mehlsorten und Bewertung von Vollkornprodukten

Getreide kann in Form von ganzen Körnern oder als von Keimling und Randschichten befreites Korn verarbeitet werden. Unabhängig vom Feinheitsgrad werden Getreidekörner unterschiedlich stark ausgemahlen. Je nach Ausmahlungsgrad, das ist der Grad der Schalenabtrennung, spricht man von Vollkornmehl oder Auszugsmehl. Beim Vollkornmehl werden die ganzen Getreidekörner grob vermahlen. Zur Gewinnung hellerer Mehle (Auszugsmehle) werden vom Getreidekorn die Frucht- und Samenschalen sowie der Keimling abgetrennt und der Mehlkörper zerkleinert. Die Typenzahl als Angabe auf den Mehlverpackungen gibt Auskunft über den Ausmahlungsgrad. Dieser wird in Prozent angegeben und bezeichnet den Gewichtsanteil das beim Vermahlen von Getreide anfallenden Mehles in Bezug zum Getreideausgangsgewicht. Die Mehltype gibt den Mineralstoffgehalt in mg pro 100 g Mehl an. Beispielsweise bedeutet beim Weizenmehl die Type 405, dass 405 mg Mineralstoffe in 100 g Mehl vorhanden sind (Schlieper, 2008, S.53).

Vollkornmehl ist neben Vollkornschrot ernährungsphysiologisch die wertvollste Mehlsorte, weil es alle Bestandteile des Getreidekorns, einschließlich des Keimes enthält. Durch das entfernte Fett des Keimlings sind Weißmehlprodukte im Vergleich zu Vollkornprodukten länger haltbar. Diese enthalten allerdings weitaus weniger Vitamine und Mineralstoffe. Die Eiweißstoffe Globuline und Albumine der Aleuronschicht sind besonders hochwertig. Das Klebereiweiß des Mehlkörpers kann nur zu einem geringen Teil in Körpereiweiß umgebaut werden. Die gegenüber Vollkornmahlerzeugnissen stets geringen Mineralstoffgehalte können sich insbesondere auf die Eisenversorgung negativ auswirken, vor allem bei Frauen, da es hier von Natur aus leicht zu einer Unterversorgung kommt. Weizen- und Roggenvollkornmehle enthalten zwar nur geringfügig mehr Eiweiß als helle Mehle, dieses stammt aber aus der Aleuronschicht sowie aus den Keimen und ist gegenüber dem im Mehlkörper eingebauten (Kleber-) Eiweiß biologisch höherwertig. Der Gehalt an essentiellen Aminosäuren ist insbesondere an Lysin aber auch Tryptophan und Methionin deutlich höher (Vreden; Schenker; Sturm; Josst; Blanchnik; Vollmer, 2007, S. 152; 158).

Vollkornprodukte enthalten gegenüber Auszugsmehlen einen höheren Anteil an Ballaststoffen. Diese sind Bestandteile pflanzlicher Zellwände und weitgehend unverdaulich. Ballaststoffe können durch die Enzyme im Dünndarm nicht zerlegt und vom Stoffwechsel daher nicht direkt aufgenommen werden. Ein Großteil wird jedoch im Dickdarm zum Teil durch die Mikroorganismen fermentiert und u. a. in kurzkettige Fettsäuren umgewandelt und dadurch für den Körper aufnahmefähig und verwertbar gemacht. Unterteilt werden Ballaststoffe in Unlösliche (Cellulose, Hemicellulosen und Lignin) und Lösliche (Pektin, Guaran) (Seibel, 2001, S. 224).

Personen, die hauptsächlich Vollkornprodukte essen, haben weniger Darmprobleme als Personen, die vor allem raffinierte Kohlenhydrate aufnehmen. Eine Ballaststoffreiche Ernährung führt zu einer Erhöhung des Stuhlvolumens, regt die Darmperistaltik an und beschleunigt damit die Transitzeit des Stuhls. Dadurch kann eine Obstipation verhindert werden. Weiterhin haben einige Ballaststoffe ein großes Wasserbindungs- und Quellvermögen. Dieses führt zu einer Volumenerhöhung des Nahrungsbreis im Magen und es tritt eine schnellere und nachhaltigere Sättigung ein (Burgerstein, 2002, S.55).

In mehreren Studien ist festgestellt worden, dass eine ballaststoffreiche Ernährung mit einem niedrigeren Risiko für die Entstehung von Krankheiten wie Krebs, Herz-Kreislauf-Erkrankungen und Diabetes mellitus Typ 2 einhergeht. Außerdem trägt eine fasereiche Nahrung zur Vermeidung von Gallensteinen bei, indem die Ansammlung von Cholesterin in der Galle verringert wird (Kofranyi; Wirths, 2008, S.64). Diese Datenlage lässt somit den Schluss zu, dass der regelmäßige Verzehr von Vollkornprodukten im Rahmen einer vollwertigen gemischten Kost eine gesundheitsfördernde Wirkung besitzt. Ein erhöhter

Verzehr von Vollkornprodukten würde die Gesundheit der Bevölkerung folglich nicht schädigen, sondern fördern.

3. Methodisch-didaktische Analyse

3.1 Lernvoraussetzungen der Schülerinnen und Schüler

Die Lernvoraussetzungen der Schülerinnen und Schüler sind sehr unterschiedlich, da sie von verschiedenen Schulen kommen. Jede Schule hat unterschiedliche inhaltliche und methodische Schwerpunkte im Unterricht. Ferner ist das Klientel sehr heterogen, da es sein kann, dass Schülerinnen und Schüler mit verschiedenen Bildungsabschlüssen den Beruf zum-/r Fachverkäufer-/in ausüben möchten und in einer Klasse gemeinsam unterrichtet werden. Die Lernatmosphäre in der Klasse ist weitestgehend gut. Die Klasse ist größtenteils am Unterrichtsgeschehen interessiert und motiviert. Partner- und Gruppenarbeiten werden häufiger durchgeführt, wobei die Zusammenarbeit in der Regel unproblematisch abläuft. Ebenso haben die Schülerinnen und Schüler bereits Erfahrungen in der Zusammenstellung von Informationen auf Plakaten und Flyern sammeln können.

3.2 Erforderliche Unterrichtsbedingungen

Vorraussetzung für diese Lernsituation ist ein Computerraum mit Drucker. Weiterhin muss in diesem Raum die Möglichkeit bestehen, dass jedem Schüler/Schülerin ein PC bzw. jeweils ein PC für zwei Schüler/Schülerinnen zur Verfügung steht. Außerdem müssen im Klassenzimmer eine Tafel und ein OHP vorhanden sein.

3.3 Kompetenzbereiche und Lernziele

In der dualen Berufsausbildung sollen Fach-, Human-, Sozial- und Methodenkompetenzen erfüllt werden, die sich in der Handlungskompetenz entfalten. Auch Kommunikations- und Lernkompetenzen werden vermittelt. Die Fachkompetenz soll die Schülerinnen und Schüler befähigen Aufgaben und Probleme zielorientiert zu lösen. Bei der Humankompetenz werden individuelle Persönlichkeiten entfaltet. Sie umfasst Eigenschaften, wie Selbständigkeit und Verantwortungsbewusstsein. Soziale Beziehungen gestalten und sich mit Anderen zu verständigen zählt zur Sozialkompetenz. Das planmäßige Vorgehen bei zielgerichteten Aufgaben und Problemen beschreibt die Methodenkompetenz. Als kommunikative Kompetenz wird die Bereitschaft und Befähigung verstanden, sich mit Situationen auseinanderzusetzen, indem man den Partner wahrnehmen und verstehen muss. Als Lernkompetenz wird insbesondere die Fähigkeit und Bereitschaft im Beruf Lernstrategien zu entwickeln, die für das lebenslange Lernen genutzt werden sollen, verstanden (KMK, 2007, S.24). Im Folgenden werden die einzelnen Kompetenzen aufgelistet, die durch diese Lernsituation gefördert werden.

Die Schüler und Schülerinnen erweitern ihre <u>Fachkompetenz</u> indem sie...

- verschiedene Getreidearten und den Aufbau des Getreidekorns kennen
- verschieden Mehlsorten und Getreideerzeugnisse kennen
- verschiedene Brotsorten bewerten
- Verkaufsargumente darstellen
- Broschüren erarbeiten und werbewirksam gestalten
- Verkaufsgespräche durchführen und analysieren

Die Schüler und Schülerinnen erweitern ihre <u>Sozial- und Humankompetenz</u> indem sie...

- sich in arbeitsteilige Gruppen kooperativ einbringen (durch die Erstellung der Broschüren)
- die erarbeiteten Informationen innerhalb der Gruppe austauschen und eventuell Fragen gemeinsam klären
- Probleme erkennen und zur Lösung beitragen
- Verantwortungsbereitschaft bei der Präsentation von Gruppenarbeitsergebnissen zeigen
- Gruppenarbeitsergebnisse konstruktiv kritisieren und Kritik von Mitschülern und Lehrern annehmen

Die Schüler und Schülerinnen erweitern ihre <u>Methoden- und Lernkompetenz</u> indem sie...

- komplexe Problemstellungen analysieren und strukturieren
- Lösungsmuster und Vorgehensweisen entwickeln und anwenden
- Lernprozesse in Gruppen organisieren (Arbeit innerhalb der Gruppe verteilen)
- Arbeitsergebnisse präsentieren und kritisch reflektieren
- Informationsquellen auffinden, Informationen zusammenstellen und selbständig aufbereiten
- Fachliteratur nutzen
- sachlich argumentieren
- Broschüren am Rechner erstellen

3.4 Methoden, Auswahl und Begründung

Die Lernsituation unterliegt dem Prinzip der Handlungsorientierung. Die Schülerinnen und Schüler arbeiten zu einem hohen Anteil in eigener Initiative. Die Lehrkraft steht während der Bearbeitung als Ansprechpartner zur Verfügung. Handlungsorientierter Unterricht lässt sich in unterschiedlichen Unterrichtsmethoden verwirklichen (KMK, 2007, S.25). Die Informations-

und Planungsphase erfolgt in dieser Lernsituation hauptsächlich durch Unterrichtsgespräche, bei der die Aktivität eindeutig auf Schülerseite liegen soll. Der Lehrer moderiert das Gespräch und gibt bei Bedarf Hilfestellungen. Gemeinsam mit der Klasse bespricht er, wie Broschüren aufgebaut sind, wie das Layout sein kann, was auf die Titelseite gehört, wie viel Inhalt und welchen Inhalt sie enthalten soll. Das Handeln der Schüler erfolgt in kooperativer Form durch Gruppenarbeiten. Die Klasse wird in fünf Gruppen mit jeweils vier Schülern aufgeteilt. Die Gruppenbildung erfolgt nach dem Zufallsprinzip. Damit soll eine möglichst heterogene Gruppenzusammensetzung, z. B im Hinblick auf die Vorkenntnisse erreicht werden. Jeder in der Gruppe trägt Verantwortung dafür, dass die Broschüren gelingen und inhaltlich korrekt sind. Die Schüler lernen voneinander und miteinander durch ständige Kommunikation über die Handlungsaufgabe. Die Erstellung der Broschüren sollen am Computer erfolgen und anschließend präsentiert werden.

4. Verlaufsskizze

Das Handeln in Lernsituationen ist durch die Phasen der vollständigen Handlung gekennzeichnet; Informieren, Planen, Entscheiden, Ausführen, Kontrollieren, Bewerten und Reflektieren. Solche Phasen werden alltäglich und häufig unbewusst im Berufsleben und in einer Ausbildung durchlebt. Schülerinnen und Schüler bekommen eine Aufgabe, die sie lösen sollen, indem sie den Handlungskreis durchlaufen.

Die folgende Verlaufsskizze beschreibt die Prozesse des Handlungskreises dieser Lernsituation (vgl. Tab. 3).

Tab: 3: Verlaufsskizze der Lernsituation

Zeit/ Phase	Inhalte	Methode/ Sozialform	Medien
1 Std. **Problemgehalt erfassen Informieren**	Vorstellung der Lernsituation S. bringen eigene Erfahrungen aus dem Betrieb mit ein Arbeitsauftrag erfassen und verstehen Handlungsprodukt festlegen (Broschüren)	S. lesen Lernsituation vor U-Gespräch U-Gespräch	Arbeitsblatt mit Lernsituation, Folie, OHP Tafel
4 Std. **Informieren und Durchführen**	Informationsquellen ermitteln und notwendige Informationen einholen über: - Getreidearten - Aufbau des Getreidekorns - Mehlsorten, Vollkorn, Weißmehl - Inhaltsstoffe des Getreidekorns	U-Gespräch Partnerarbeit Gruppenarbeit	Internet, Bücher, Zeitschriften, Broschüren Arbeitsblätter
2 Std. **Präsentieren Kontrollieren**	Ergebnisse vorstellen und kontrollieren	S-Vortrag L-S-Gespräch	Folie, OHP
2 Std. **Planen**	Ablauforganisation festlegen Zeitrahmen festlegen Inhaltliche und gestalterische Kriterien der Broschüre erarbeiten und festlegen Aufgabenverteilung im Team festlegen	U-Gespräch U-Gespräch S-Aktivität	Tafel, Folie, OHP Folie, OHP, Beispielbroschüren
4 Std. **Ausführen**	Erstellung der Broschüre am PC mit: - Produktvorstellung - Ernährungsphysiologische Bedeutung von Vollkorn - Verkaufsargumenten	Gruppenarbeit	PC, Internet, Arbeitsblätter
2 Std. **Präsentieren/ Bewerten**	Arbeitsergebnisse präsentieren Arbeitsprozess beurteilen	S-Vortrag mit Präsentation	Folie, OHP, Broschüren
1 Std. **Reflektieren**	Ergebnisse und Handlungsverlauf überdenken Diskussion über das Arbeitsergebnis Eventuell aufgetretene Probleme ermitteln und Verbesserungsvorschläge aufzeigen	U-Gespräch U-Gespräch U-Gespräch	Tafel
2 Std. **Vertiefen**	Verkaufsgespräche durchführen	Rollenspiel	

5. Quellenverzeichnis

Allgemeine Bäckerzeigung, Verbraucher schätzen Nachhaltigkeit, Ausgabe 2010/2:
http://www.abzonline.de/praxis/Verbraucher-schaetzen-Nachhaltigkeit,7069286501.htm,
Zugriff am 27.02.2010.

Ausbildungs- und Prüfungsordnung Berufskolleg – APO-BK, Verordnung über die
Ausbildung und Prüfung in den Bildungsgängen des Berufskollegs vom 26. Mai 1999-zuletzt
geändert durch Verordnung vom 29 April 2009: http://www.schulministerium.nrw.de
/BP/Schulrecht/APOen/APOBK.pdf, S.5-8, Zugriff am 27.02.2010.

Bader, R., Lernfelder konstruieren - Lernsituationen entwickeln, eine Handreichung zur
Erarbeitung didaktischer Jahresplanung für die Berufsschule, 210 Die berufsbildende Schule
(BbSch) 55 (2003) 7-8 : http://afl.bildung.hessen.de/projekte/lernfeldinitiative/material/2003-
7-8-Bader.pdf, Zugriff am 27.02.2010.

Bubke K., Hemmersbach C., Hemmersbach K., Keden S. (2008): Lernsituationen
Hauswirtschaft, Lernfelder 1,2,3,4,7. 2 Aufl., Troisdorf, Bildungsverlag EINS.

Bundesinstitut für Berufsbildung, http://www.bibb.de/de/20716.htm, Zugriff am 27.02.2010.
Burgerstein L. (2002): Handbuch Nährstoffe. 10 Auflage, Karl F. Haug Verlag, Stuttgart.

Kofranyi E., Wirths W., (2008): Einführung in die Ernährungslehre. 12. Auflage, Frankfurt,
neuer Umschau Buchverlag.

Meyer, H. (2005) Unterrichtsmethoden II: Praxisband. 11. Auflage, Berlin, Cornelson Verlag
Scriptor.

Ministerium für Schule und Weiterbildung des Landes Nordrhein-Westfalen (Hrsg.), Lehrplan
für das BK in NRW, 11/2009, Rahmenlehrplan für den Ausbildungsberuf Fachverkäufer im
Lebensmittelhandwerk/ Fachverkäuferin im Lebensmittelhandwerk, Beschluss der
Kultusministerkonferenz vom 08.03.2006,
http://www.berufsbildung.schulministerium.nrw.de/cms/lehrplaene-und-
richtlinien/berufsschule/duale-berufsausbildung/fachverkaeuferin-im-lebensmittelhandwerk,
Zugriff am 27.02.2010.

Oecolandbau.de, Erfolgsfaktoren von Biobäckereien. (2010):
http://www.oekolandbau.de/verarbeiter/vermarktung/backwaren/erfolgsfaktoren-von-
biobaeckereien, Zugriff am 27.02.2010.

Rohrlich M.; Brückner G., (1966): Das Getreide. Band 4, Berlin - Hamburg, Verlag Paul
Parey.

Schlieper C., (2008): Ernährung heute. 13., überarbeitete und erweiterte Auflage, Hamburg,
Verlag Handwerk und Technik GmbH.

Seibel W., (2001): Feine Backwaren. 2. Auflage, Hamburg, O, Behr`s Verlag.

Verden N., Schenker D., Sturm W., Josst G., Blachnik C., Vollmer G. (2007):
Lebensmittelführer, Inhalte, Zusätze, Rückstände. 3. aktual. und ergänz. Aufl., Weinheim,
WILEY-VCH Verlag GmbH & Co. KGaA.

Wikipedia, Dinkel, 23.02.2010: http://de.wikipedia.org/wiki/Dinkel, Zugriff am 27.02.2010.

6. Anhang

Anhang I: Arbeitsblatt 1

Hallo Verkaufsteam!

In der Woche vom 20 - 27. März werden in unserer Filiale wie folgt zwei neue Produkte eingeführt:

Dinkel-Walnuss-Brot (500 g)

Art-Nr. 67, Preis: € 2,60
Produktdetails: Vollkorn Dinkelbrot mit Walnüssen und Kartoffelflocken
Zutaten: 100% Dinkelmehl, Dinkelmalzflocken, Dinkelvollkornsauerteig, Walnüsse, Kartoffelflocken, Hefe, Salz, Wasser

Dinkel-Röggelchen

Art-Nr. 102, Preis: € 0,68
Produktdetails: Vollkorn-Dinkel-Roggenbrötchen mit Haferflocken und Sonnenblumenkernen
Zutaten: Dinkelvollkornmehl, Roggenvollkornmehl, Haferflocken, Sonnenblumenkerne, Hefe, Salz, Wasser

Eure Aufgabe wird es sein, eine Broschüre für diese Produkte zu gestalten. Diese dient dem Kunden als Informationsmaterial und wird im Laden ausgelegt. Um diese erstellen zu können, informiert euch zunächst über die verschiedenen Getreidearten und den Aufbau des Getreidekorns. Ihr solltet den Unterschied eines Vollkorn- und Weißmehlproduktes erklären können. Stellt die besondere Bedeutung der Inhaltsstoffe von Vollkornprodukten heraus (z. B. Mineralstoffe, Vitamine, Ballaststoffe) und leitet daraus geeignete Verkaufsargumente ab.

Bitte gestaltet die Broschüre so, dass sie für die Kunden ansprechend ist und dazu anregt, die neuen Produkte zu kaufen. (Übersichtlichkeit, Farbgebung usw.)

Viel Spaß!
Grüße, J. Müller

Lernfeld 1.3 B/K: Gestalten, Werben, Beraten und Verkaufen	1. Ausbildungsjahr Zeitrichtwert: 80 Stunden

Ziel:

Die Schülerinnen und Schüler kennen die wesentliche Bedeutung des Marketings, gestalten und präsentieren Produkte und wenden Kommunikationsinstrumente an.

Sie beraten Kundinnen/Kunden und berücksichtigen neben lebensmittelrechtlichen, ökonomischen, ökologischen, sensorischen besonders ernährungsphysiologische Aspekte und führen Nährwertberechnungen durch. Sie entwickeln geeignete Verkaufsargumente und gehen auf Kundinnen und Kunden ein.

Die Schülerinnen und Schüler schließen berufstypische Kaufverträge, verpacken Produkte fachgerecht und nehmen Berechnungen vor.

Inhalte:

Marketing als Instrument der Verkaufsförderung
Marktbeobachtung/Bedarfsermittlung; Preisgestaltung
Bestellung, Wareneingangskontrolle
Präsentation der Ware in der Theke, im Regal oder im Schaufenster
ästhetische Grundsätze, insbesondere Farbgebung, Licht, Form, Anordnung, Umgebung
gestalterische Grundlagen, insbesondere Plakate, Handzettel
Beratung über gesunde Ernährung: Bedeutung der Inhaltsstoffe von Back- und Konditoreiwaren, insbesondere Mineralstoffe, Vitamine, Ballaststoffe, Verdaulichkeit der Nährstoffe
Zusatzstoffe
Ernährungstrends
Verkaufsvorgang, insbesondere Kaufmotive, Verkaufsargumente, Gesprächsführung
Abrechnungen und Rechnungserstellung
Grundlagen des Verpackens